西藏典型冰川
遥感动态监测图集

主　编：边　多
副主编：扎西欧珠　拉　巴　李　林　拉巴卓玛

气象出版社
China Meteorological Press

内容简介

本图集收集整理了西藏自治区境内具有代表性的 17 个典型冰川面积变化数据，并对上述冰川进行了长时间序列遥感动态监测分析，形成了西藏典型冰川面积的时间和空间变化特征图集。图集内容主要包括冰川面积的长时间序列变化趋势图、冰川面积的空间变化及局部重点区域变化图、冰川区域三维地形图，共计 95 幅专题图，揭示了西藏 17 个典型冰川面积变化和空间变化特征的科学事实。可以为青藏高原生态文明高地建设、应对气候变化、防灾减灾等方面提供有效的科学决策和参考依据。

本图集是一部基础性工具书，可供气象、国土资源、农牧业、林业、水利、生态环境等业务和科研部门，以及各级政府防灾减灾决策部门参阅和使用。

图书在版编目（ＣＩＰ）数据

西藏典型冰川遥感动态监测图集 / 边多主编. -- 北京 : 气象出版社，2021.12
ISBN 978-7-5029-7627-9

Ⅰ．①西… Ⅱ．①边… Ⅲ．①遥感技术－应用－冰川－动态监测－西藏－图集 Ⅳ．①P343.6-64

中国版本图书馆CIP数据核字(2021)第259640号

审图号：藏 S〔2021〕034 号

西藏典型冰川遥感动态监测图集
Xizang Dianxing Bingchuan Yaogan Dongtai Jiance Tuji

出版发行：气象出版社

地 址：北京市海淀区中关村南大街 46 号		邮政编码：100081		
电 话：010-68407112（总编室） 010-68408042（发行部）				
网 址：http://www.qxcbs.com		**E-mail：** qxcbs@cma.gov.cn		
责任编辑：蔺学东		终 审：吴晓鹏		
责任校对：张硕杰		责任技编：赵相宁		
封面设计：博雅锦				
印 刷：北京地大彩印有限公司				
开 本：787 mm×1092 mm 1/16		印 张：6.75		
字 数：180 千字				
版 次：2021 年 12 月第 1 版		印 次：2021 年 12 月第 1 次印刷		
定 价：80.00 元				

前　言

　　冰冻圈是全球气候系统不可分割的一部分，它参与地球表面能量和水分循环。冰川和冰盖是地球自然系统及人类生活环境的重要组成部分，IPCC 指出，过去 10 年阿拉斯加、北极圈、格陵兰冰盖以及亚洲山区的 80% 冰川冰盖都有消失，全球冰川显示退缩状态（Hartmann et al., 2013）。青藏高原地理位置特殊，地势高亢、面积巨大，冰雪覆盖比重较大，对全球气候变化具有显著响应，在全球变化研究中有着很高的研究价值。作为世界上山地冰川最多的区域，青藏高原的冰川融水是我国及东亚地区大江大河发源的基础及径流的重要补给源（秦大河，1999）。根据"中国第二次冰川编目"统计，从冰川数量来看，西藏最多，其次是新疆，两个省份的冰川数量占全国冰川总数量的 87.62%（刘时银 等，2015）。在国内，这些年对冰川变化的研究也比较多，冰川变化与气候变化表现出一定的对应关系，对流域的自然、社会和经济都有显著影响（张立芸 等，2014）。

　　20 世纪 50 年代，中国冰川运动观测的研究开始起步，1973 年和 1989 年中国科学院青藏高原综合科学考察队和中日青藏高原冰川联合考察研究工作组针对西藏自治区境内的冰川进行了两次野外考察（井哲帆，2010），通过野外考察和内业分析查明了青藏高原现代冰川的分布、面积和雪线变化等。近几十年来，随着遥感技术的快速发展，尤其是高分辨率光学传感器的不断发展和应用，一些难以通过野外实地考察研究的冰川，也可以利用高分辨率的遥感影像进行监测和分析，实现对大空间尺度的冰川面积、体积等的快速、准确提取，研究冰川的变化信息。

　　本图集选取西藏高原的枪勇冰川、普若岗日冰川、申扎杰岗日冰川、古里雅冰川、卡若拉冰川、米堆冰川、萨普冰川、木孜塔格冰川、杰玛央宗冰川、冲巴雍曲流域冰川、藏色岗日冰川、廓琼岗日冰川、依嘎冰川、曾冰川、什磨冰川、什俄冰川和雅弄冰川共 17 个典型冰川（和杰玛央宗冰湖）进行了面积提取与遥感制图。通

过中国第二次冰川编目数据集（V1.0）数据作为基础矢量数据，再利用 1972—2021
年陆地资源卫星 Landsat（包括 MSS、TM、ETM+、OLI 传感器）、1975 年 1∶10 万
电子地形图、高分辨率对地观测系统卫星（GF-1，WFV 传感器）等资料，以专题
图、统计柱状图的形式展示高原冰川变化特征的科学事实，对了解全球气候变化与
西藏高原冰川的关系、开展冰川资源调查与保护，以及防灾减灾和应对气候变化工
作具有重要意义。

本图集得到了第二次青藏高原综合科学考察研究专项（2019QZKK0105-06、
2019QZKK020614）、2021 年度中央引导地方科技发展资金第一批项目"基于融雪过
程的西藏雪灾时空动态定量预警技术"（XZ202102YD0012C）、2019 年西藏自治区科
技重点研发计划项目"西藏主要地表特征科学考察及研究"、中国气象局创新发展专
项（CXFZ2021J055）共同资助。

本图集是西藏自治区气候中心遥感业务团队多年的工作成果。Landsat 系列卫星
遥感资料从地理空间数据云（www.gscloud.cn）获取，高分系列卫星遥感资料由国
家航天局对地观测与数据中心（www.cheosgrid.org.cn）提供。图集的编制和出版得
到了西藏自治区气象局各位领导的关心和支持，以及西藏自治区气候中心科技工作
者付出的辛勤劳动和气象出版社蔺学东副编审给予的帮助，在此一并表示最诚挚的
感谢！

编　者

2021 年 9 月

制图说明

　　本图集由西藏自治区典型冰川的分布遥感影像图、冰川信息表和面积变化趋势、空间变化、空间变化局部放大图及三维影像图组成，共计 95 幅，并配以简要的文字描述。

　　冰川面积变化数据分别来自陆地资源卫星 Landsat 1972—2012 年（包括 MSS、TM 和 ETM+、OLI 传感器）卫星数据、1975 年 1∶10 万地形图、高分辨率对地观测系统 2013—2021 年高分 1 号卫星数据（GF–1，WFV 传感器）。遥感数据获取时间均为每年的 9—11 月冰川面积相对稳定季节。古里雅冰川仅统计西藏境内区域。

　　冰川面积统计：利用 GIS 地理空间分析工具，单位为 km^2。

　　气象要素趋势变化率：采用公式（1）进行估计：

$$Y = a_0 + a_1 t \tag{1}$$

式中，Y 为气象要素；t 为时间；a_0 为常数项；a_1 为线性趋势项，$a_1 > 0$ 时，说明序列随时间呈上升趋势，$a_1 < 0$ 时，说明序列随时间呈下降趋势。

　　冰川变化率：表征冰川年际变化的程度和趋势，其公式为：

$$\Delta U = \frac{(U_b - U_a)}{U_a} \times 100\% \tag{2}$$

式中，ΔU 为变化率，$\Delta U > 0$ 时，说明冰川面积扩张，$\Delta U < 0$ 时，说明冰川面积退缩；U_a 为研究初期的冰川面积；U_b 为研究末期的冰川面积，最终以百分比的形式表示。

　　遥感：指非接触的、远距离的探测技术。一般指运用传感器／遥感器对物体电磁波的辐射、反射特性的探测，并根据其特性对物体的性质、特征和状态进行分析的理论、方法和应用的科学技术。

　　冰舌：指山岳冰川从粒雪盆流出的舌状冰体，冰舌区是冰川作用最活跃的地段，大部分也是冰川的消融区。

　　大陆性冰川：指大陆性气候条件影响下发育的冰川，它的主要标志是冰川恒温层的温度处于负温状态。这类冰川的冰温低，故又称为"冷性"冰川。

目　录

绪　论

　　西藏天高地寒，有许多巍峨高耸的冰川、冰峰雪岭，是我国冰川集中分布最广泛的地区之一，冰川面积达 27676 km²，占全国冰川总面积的一半以上，主要分布在唐古拉山脉、冈底斯山脉、念青唐古拉山脉和喜马拉雅山脉。这些冰川成为一座座高山天然固体水库（储水量达 1000 多立方千米），夏季消融，补给河流，是主要的灌溉水源。本图集中冰川面积变化研究不仅在区域气候变化方面具有重要意义，同时也对下游地区的水资源应用和管理具有重要意义。

　　本图集利用多源遥感卫星数据对西藏境内 17 个冰川进行了长时间序列的动态监测。结果表明，17 个冰川均呈退缩趋势，其中申扎杰岗日冰川、米堆冰川、卡若拉冰川、萨普冰川、廓琼岗日冰川和木孜塔格冰川退缩趋势较为显著，枪勇冰川、杰玛央宗冰川、冲巴雍曲流域冰川、曾冰川、什俄冰川、什磨冰川、雅弄冰川、依嘎冰川和藏色岗日冰川退缩趋势较为缓慢，普若岗日冰川呈波动变化趋势，总体上也呈退缩状态，古里雅冰川平缓退缩，为研究的 17 个冰川中最稳定的冰川。

　　分析表明，枪勇冰川（1987—2021 年）面积总体呈退缩趋势，2021 年冰川面积为 29.41 km²，较 1987 年（36.97 km²）减少了 7.56 km²，平均变化率为 –0.425 km²/a；普若岗日冰川（1976—2021 年）面积整体呈波动退缩趋势，2021 年冰川面积达到最低值 390.41 km²，较 1976 年（435.57 km²）减少了 45.16 km²，平均变化率为 –10.37%；申扎杰岗日冰川（1976—2021 年）总体呈退缩趋势，2021 年冰川面积为 69.91 km²，较 1976 年（118 km²）减少了 48.15 km²，面积变化率为 –40.78%；古里雅冰川（1993—2021 年）面积总体较稳定但存在平缓退缩趋势，2021 年冰川面积为 137.5 km²，较 1993 年（138.87 km²）减少了 1.37 km²，平均变化率为 –0.008 km²/a；卡若拉冰川（1972—2021 年）面积整体呈退缩趋势，2021 年冰川面积为 9.12 km²，较 1977 年（9.43 km²）减少了 0.31 km²，平均变化率为 –0.0057 km²/a；米堆冰川

1

（1981—2021 年）面积总体呈退缩趋势，2021 年冰川面积为 28.47 km²，较 1986 年（30.56 km²）减少了 2.09 km²，面积变化率为 –6.84%；萨普冰川（1995—2021 年）面积呈波动减少趋势，2021 年冰川面积为 29.4 km²，较 1995 年（31.73 km²）减少了 2.33 km²，面积变化率为 –7.34%；木孜塔格冰川（2000—2021 年）面积呈波动减少趋势，2021 年冰川面积为 667.57 km²，较 2000 年（715.58 km²）减少了 48.01 km²，面积变化率为 –6.71%；杰马央宗冰川（1987—2021 年）面积变化总体呈退缩趋势，2021 年冰川面积为 17.21 km²，较 1987 年（21.23 km²）减少了 4.02 km²，平均变化率为 –0.138 km²/a；冲巴雍曲流域冰川（1987—2021 年）面积呈减少趋势，2021 年冰川面积为 20.9 km²，较 1978 年（32.0 km²）减少了 11.1 km²，面积变化率为 –34.68%；藏色岗日冰川（1977—2021 年）面积整体呈退缩趋势，2021 年冰川面积为 200.76 km²，较 1977 年（215.26 km²）减少了 14.5 km²，面积变化率为 –6.74%；廓琼岗日冰川（1976—2021 年）面积呈退缩趋势，2021 年冰川面积为 2.59 km²，较 1976 年（4.5 km²）减少了 1.91 km²，面积变化率为 –42.44%；依嘎冰川（1988—2021 年）面积呈减少趋势，2021 年冰川面积为 41.11 km²，较 1970 年（冰川面积为 45.29 km²）减少了 4.18 km²，平均变化率为 –0.53 km²/a；曾冰川（1976—2021 年）面积呈减少趋势，2021 年冰川面积为 84.37 km²，较 1976 年（冰川面积为 87.12 km²）减少了 2.75 km²，面积变化率为 –3.15%；什磨冰川（1976—2021 年）面积呈减少趋势，2021 年冰川面积为 30.88 km²，较 1976 年（冰川面积为 33.05 km²）减少了 2.17 km²，面积变化率为 –6.57%；什俄冰川（1976—2021 年）面积呈减少趋势，2021 年冰川面积为 35.46 km²，较 1976 年（冰川面积为 38.69 km²）减少了 3.23 km²，面积变化率为 –8.35%；雅弄冰川（1976—2021 年）面积呈减少趋势，2021 年冰川面积为 178.38 km²，较 1976 年（冰川面积为 183.33 km²）减少了 4.95 km²，面积变化率为 –2.7%。

西藏自治区典型冰川分布信息表

冰川名称	地理位置	纬度 /N	经度 /E	海拔 /m
普若岗日冰川	西藏那曲市双湖县	33°44′~34°2′	89°0′~89°18′	6600
卡若拉冰川	浪卡子县与江孜县交界处	28°54′~28°57′	90°8′~90°13′	7103
古里雅冰川	阿里地区日土县和新疆维吾尔自治区交界处	35°11′~35°19′	81°23′~81°34′	6650
申扎杰岗日冰川	那曲市申扎县	30°28′~30°51′	88°24′~88°41′	6280

冰川名称	地理位置	纬度/N	经度/E	海拔/m
木孜塔格冰川	西藏双湖县与新疆维吾尔自治区交界处	36°16′~36°36′	87°4′~87°43′	6420
杰马央宗冰川	日喀则市仲巴县	30°11′~30°15′	82°7′~82°11′	6327
枪勇冰川	浪卡子县与江孜县交界处	28°48′~28°52′	90°11′~90°20′	6480
米堆冰川	林芝市波密县	29°23′~29°27′	96°28′~96°33′	6348
萨普冰川	那曲市比如县	30°53′~30°58′	93°43′~93°51′	6956
冲巴雍曲流域冰川	日喀则市康马县	28°10′~28°14′	89°35′~89°46′	5400
藏色岗日冰川	阿里地区改则县	34°15′~34°29′	85°47′~85°57′	6285
廓琼岗日冰川	西藏拉萨市当雄县	29°51′~29°53′	90°11′~90°14′	5500
依嘎冰川	那曲市嘉黎县	30°16′~30°24′	93°32′~93°37′	5771
曾冰川	山南市浪卡子县	28°9′~28°17′	90°10′~90°22′	7004
什磨冰川	日喀则市康马县	28°8′~28°17′	90°0′~90°4′	6898
什俄冰川	日喀则市康马县	28°8′~28°15′	90°3′~90°10′	6834
雅弄冰川	昌都市八宿县	29°15′~29°25′	96°30′~96°49′	6606

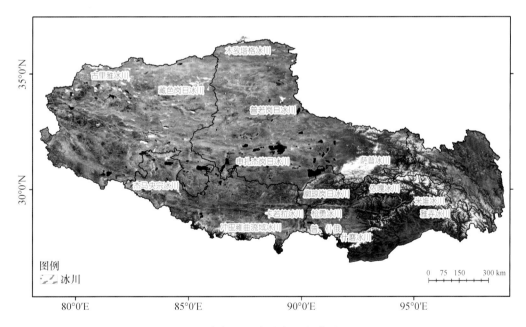

西藏自治区典型冰川分布图

一、枪勇冰川

枪勇冰川位于西藏自治区浪卡子县与江孜县交界处（图 1.2）（90.2°E，28.85°N），位于卡若拉冰川南面海拔 6498 m 的恰羊日康雪山，共有冰川 39 条，枪勇冰川平均面积约为 33 km²。

根据 1987 年、1990 年、1994 年、2000—2012 年 Landsat/TM 和 2013—2021 年高分 1 号遥感数据提取羌勇冰川面积结果显示（图 1.1），34 年来（1987—2021 年）冰川面积总体呈减少趋势，平均变化率为 –0.425 km²/a。2021 年冰川面积为 29.41 km²，较 1987 年面积（36.97 km²）减少了 7.56 km²，较 2019 年面积（28.31 km²）减少了 2.4 km²。

从空间变化来看（图 1.3~1.5），冰川变化主要在冰舌处，冰舌退缩相对明显。

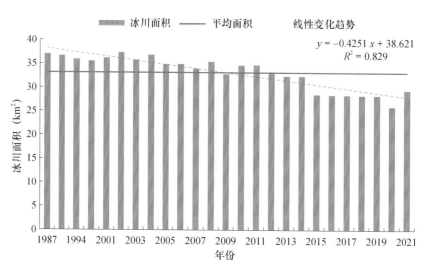

图 1.1　1987—2021 年枪勇冰川面积变化趋势

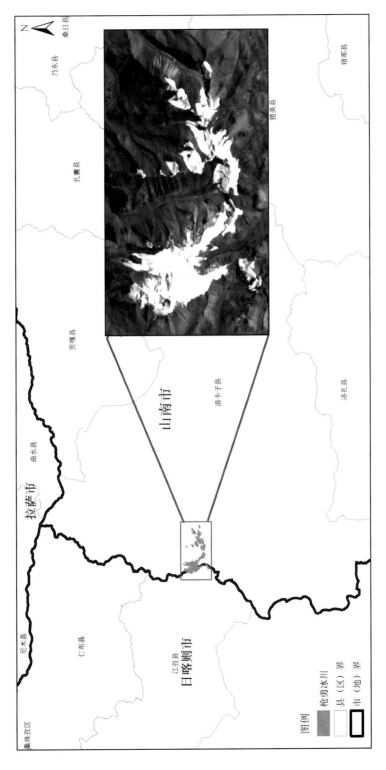

图 1.2　枪勇冰川位置示意图

图 1.3　1987—2021 年枪勇冰川空间变化

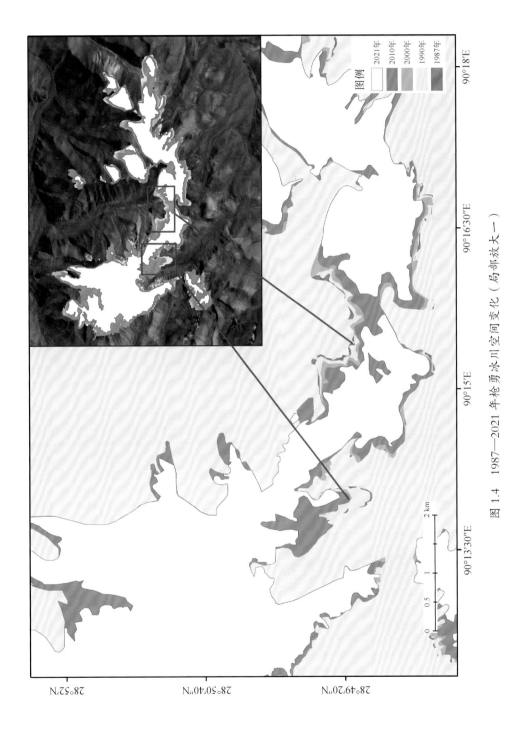

图 1.4　1987—2021 年枪勇冰川空间变化（局部放大一）

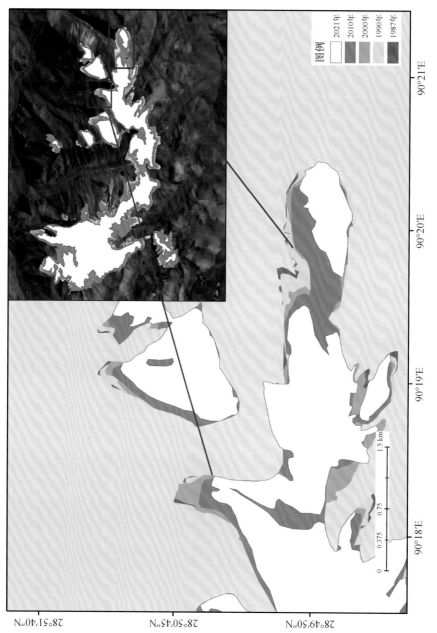

图 1.5 1987—2021 年枪勇冰川空间变化（局部放大二）

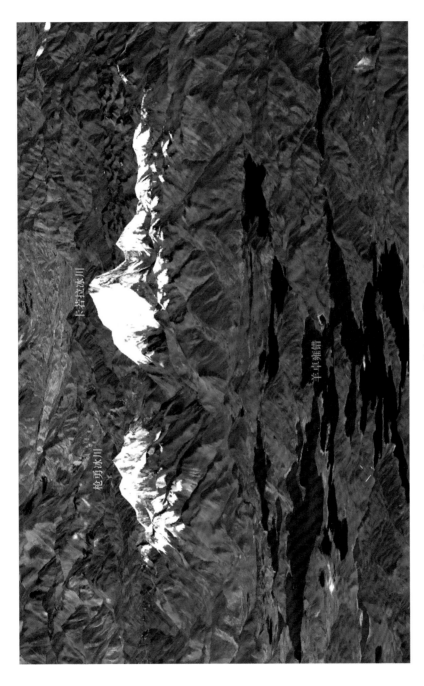

图 1.6　枪勇冰川三维立体图

二、普若岗日冰川

普若岗日冰川位于西藏自治区那曲市，是藏北高原最大的由数个冰帽型冰川组合成的大冰原。冰川分布范围介于 33°44′~34°04′N，89°20′~89°50′E，覆盖总面积为 422.58 km²，冰储量为 52.5153 km³，冰川雪线海拔 5620~5860 m，是世界上最大的中低纬度冰川，也被确认为世界上除南极、北极以外最大的冰川。

根据 1976—2021 年 Landsat 系列和高分卫星数据分析，普若岗日冰川面积整体呈现波动减少趋势。2021 年冰川面积达到最低值，为 390.41 km²，较 1976 年面积（435.57 km²）减少了 45.16 km²（图 2.1），面积变化率为 -10.37%，平均每年减少 1.04 km²。

从空间变化来看（图 2.3~2.5），冰川主要变化区位于北部和东南部，其余部分变化相对较小。

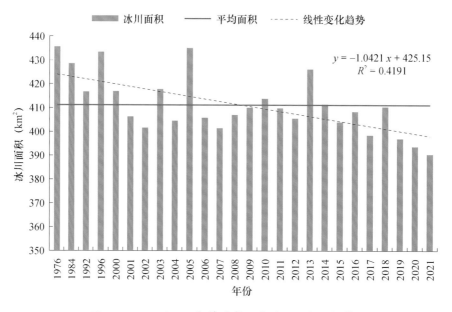

图 2.1　1976—2021 年普若岗日冰川面积变化趋势

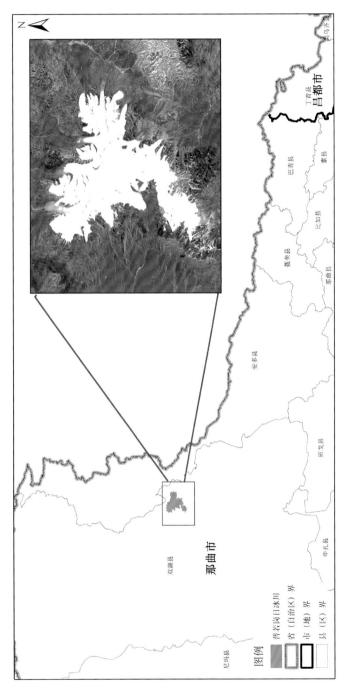

图 2.2 普若岗日冰川位置示意图

11

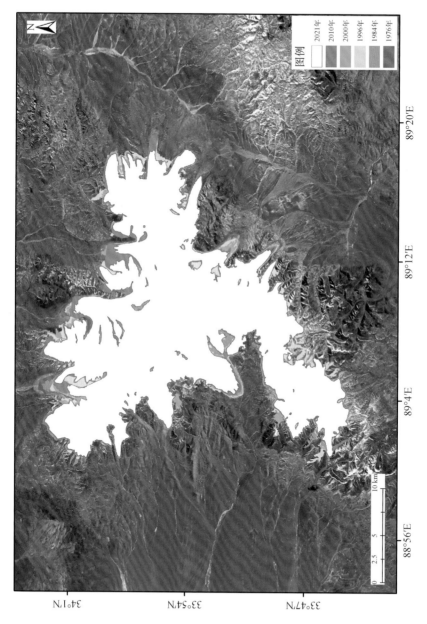

图 2.3　1976—2021 年普若岗日冰川空间变化

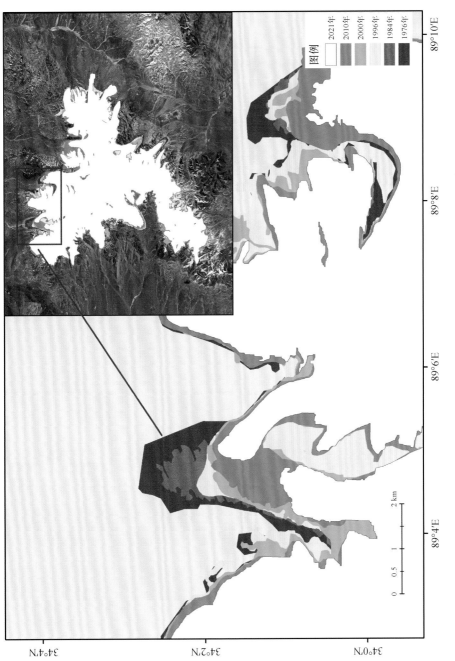

图 2.4　1976—2021 年普若岗日冰川空间变化（局部放大一）

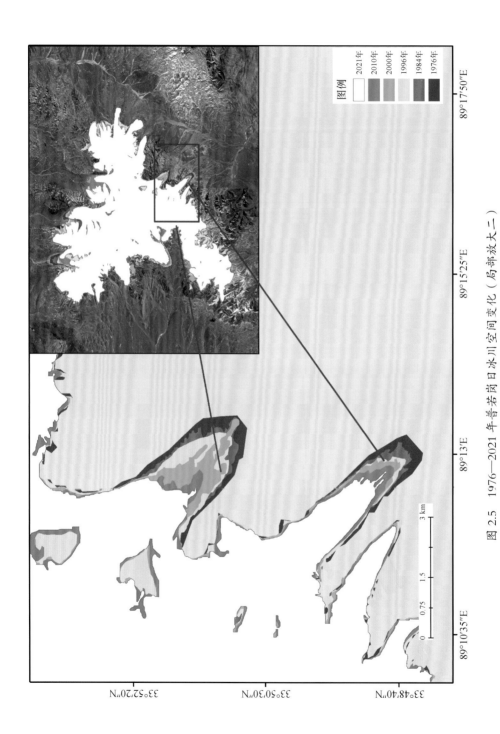

图 2.5 1976—2021 年普若岗日冰川空间变化（局部放大二）

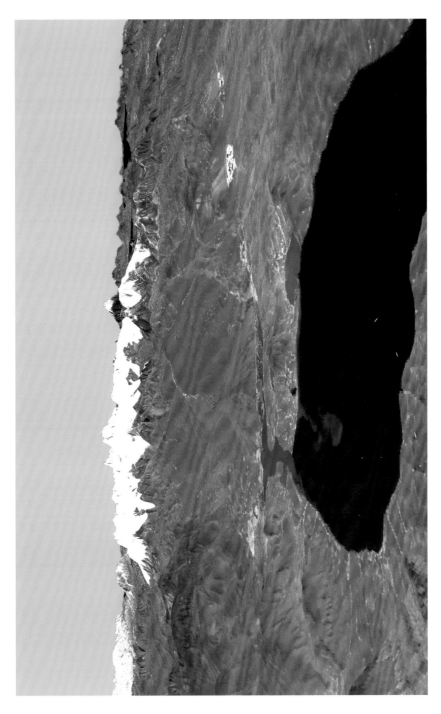

图 2.6 普若岗日冰川三维立体图

三、申扎杰岗日冰川

申扎杰岗日冰川位于西藏自治区那曲市申扎县西南部（30°29′～30°53′N，88°25′～88°42′E）（图 3.2），最高峰甲岗峰海拔 6444 m，共有冰川 133 条，面积约 87 km²，其中以悬冰川数量最多，共 106 条，面积 38 km²，较大的冰川为甲岗峰南的扎嘎冰川，朝向东，长 3.6 km，面积 3.47 km²，末端海拔 5380 m，粒雪线海拔 5700 m。岗清万弄冰川是该山最大的冰川，长 4.1 km，面积 4.26 km²，冰舌末端海拔 5630 m，冰川融水哺育了申扎河两岸大片的沼泽，最后汇入格仁错。

利用 1976 年、1989 年、2000—2012 年 Landsat/TM 数据和 2013—2021 年高分 1 号 /WFV 数据对申扎杰岗日冰川进行分析，结果显示，申扎杰岗日冰川平均面积为 80.97 km²，46 年来（1976—2021 年）冰川总体呈退缩趋势，冰川面积从 1976 年的 118 km² 减少到 2021 年的 69.91 km²，冰川面积减少 48.15 km²（图 3.1），面积变化率为 –40.78%。尤其是 2001 年后冰川以负距平为主。

从 1976 年和 2021 年冰川面积空间变化分析来看，冰川面积明显退缩区域主要在申扎杰岗日山脉西坡方向及南部零碎冰川（图 3.3、图 3.4）。

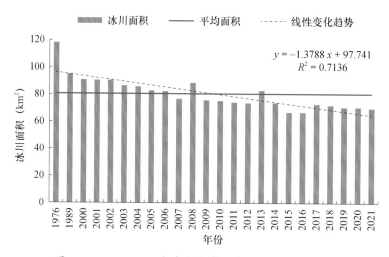

图 3.1　1976—2021 年申扎杰岗日冰川面积变化趋势

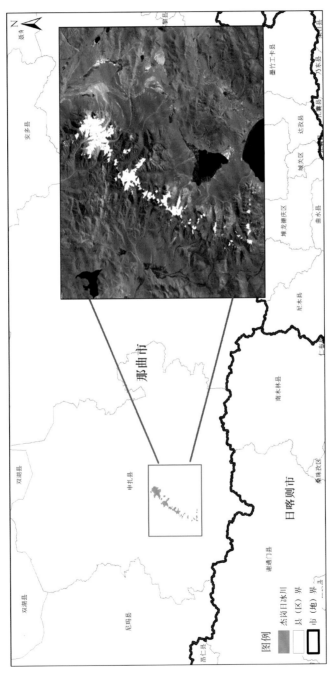

图 3.2　申扎杰岗日位置示意图

图 3.3　1976—2021 年申扎杰岗日冰川面积空间变化

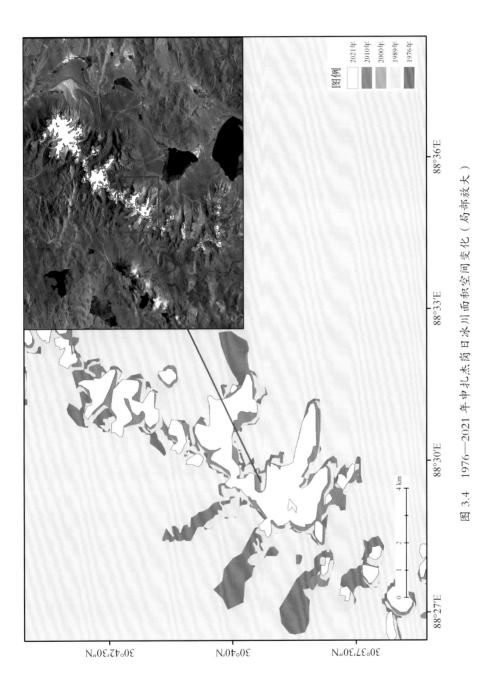

图 3.4　1976—2021 年申扎杰岗日冰川面积空间变化（局部放大）

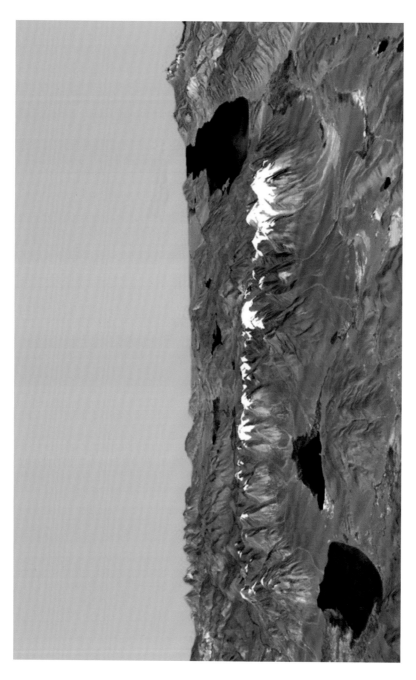

图 3.5 申扎杰岗日冰川三维立体图

四、古里雅冰川

古里雅冰川又称古里雅冰帽，位于青藏高原西北边缘的西昆仑山，界于西藏自治区和新疆维吾尔自治区交界处（图 4.2），是目前在中低纬度发现的最高、最大、最厚和最冷的冰帽。该冰帽总面积可达 376.05 km^2，平均厚度约为 200 m（姚檀栋 等，1992）。古里雅冰帽还是迄今在中国发现的最稳定的冰川。

根据 1993 年、1996 年、1999 年、2000—2012 年 Landsat/TM 和 2013—2021 年高分 1 号遥感数据提取古里雅冰川面积，结果显示，近 29 年古里雅冰川平均面积为 137.86 km^2，总体呈减少趋势，2021 年冰川面积为 137.5 km^2，较 1993 年面积（138.87 km^2）减少 1.37 km^2（图 4.1），平均变化率为 –0.008 km^2/a。

1993—2021 年近 29 年古里雅冰川面积整体较稳定。从古里雅冰川面积空间变化来看（图 4.3、图 4.4），冰川面积变化较明显的区域主要位于东部，其他区域变化不明显。

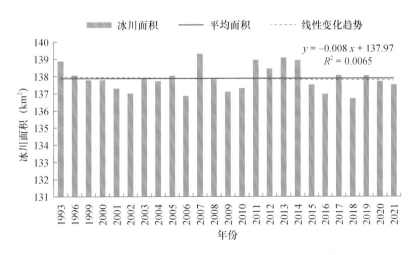

图 4.1　1993—2021 年古里雅冰川面积变化趋势

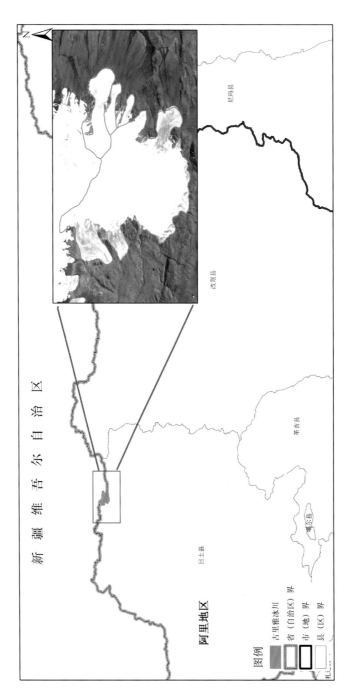

图 4.2　古里雅冰川位置示意图

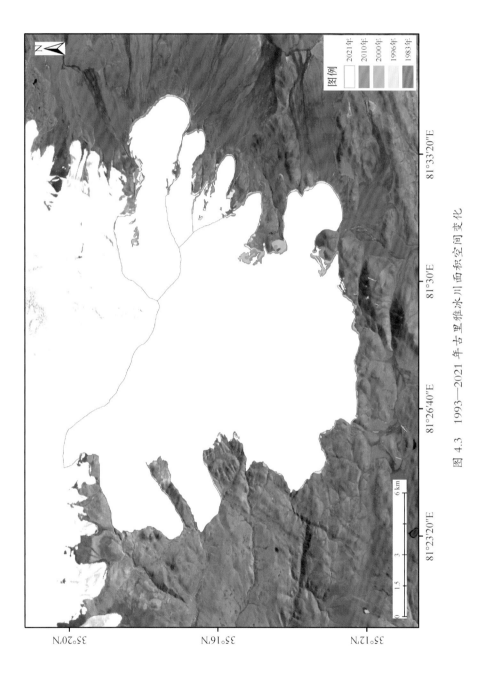

图 4.3　1993—2021 年古里雅冰川面积空间变化

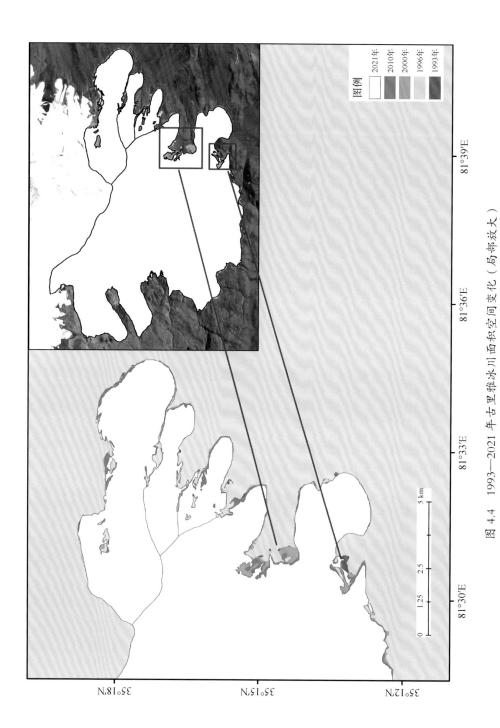

图 4.4　1993—2021 年古里雅冰川面积空间变化（局部放大）

图 4.5 古里雅冰川三维立体图

五、卡若拉冰川

卡若拉冰川位于西藏自治区山南市浪卡子县和日喀则市江孜县交界处（图 5.2），属大陆性冰川，平均海拔 5042 m，是宁金岗桑峰的组成部分。冰川上部为一坡度较缓的冰帽，下部为两个呈悬冰川形式的冰舌，东冰舌长 3 km、宽 750 m，西冰舌长 4.5 km、宽 1.5 km，崖壁上有清晰的冰川磨蚀痕迹。

利用 Landsat MSS/ETM/TM/OLI、Landsat 8 和高分 1 号 WFV 遥感影像提取了卡若拉冰川 1972、1976、1978、1989、1999、2000—2021 年冰川面积，分析结果显示（图 5.1），近 50 年（1972—2021 年）卡若拉冰川面积整体呈下降态势，1972 年和 2021 年卡若拉冰川面积分别为 9.43 km² 和 9.12 km²，2021 年面积较 1972 年减少 0.31 km²，平均变化率为 –0.0057 km²/a。

从卡若拉冰川 1972—2021 年空间变化来看（图 5.3、图 5.4），卡若拉冰川末端有明显的消融现象，尤其以西南部和东南部冰舌区域退缩较多。

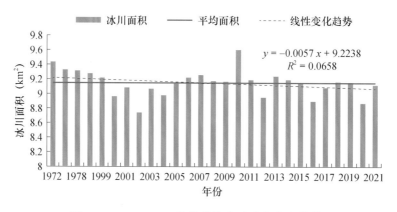

图 5.1　1972—2021 年卡若拉冰川面积变化趋势

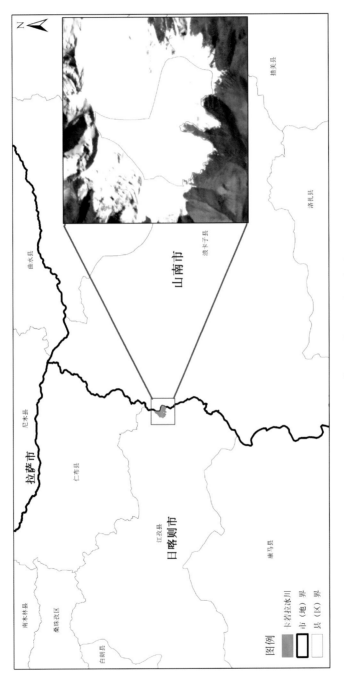

图 5.2 卡若拉冰川位置示意图

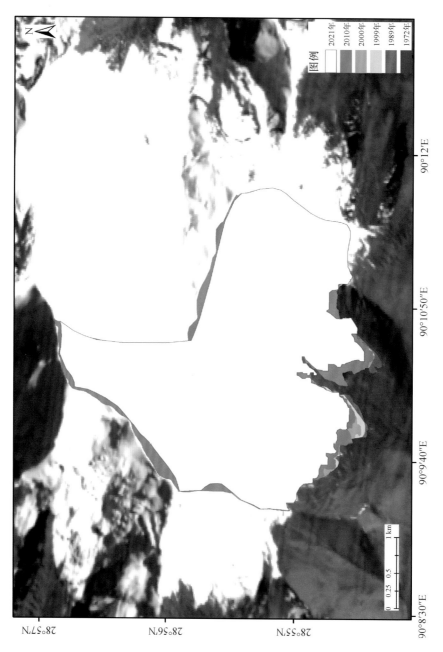

图 5.3 1972—2021 年卡若拉冰川空间变化

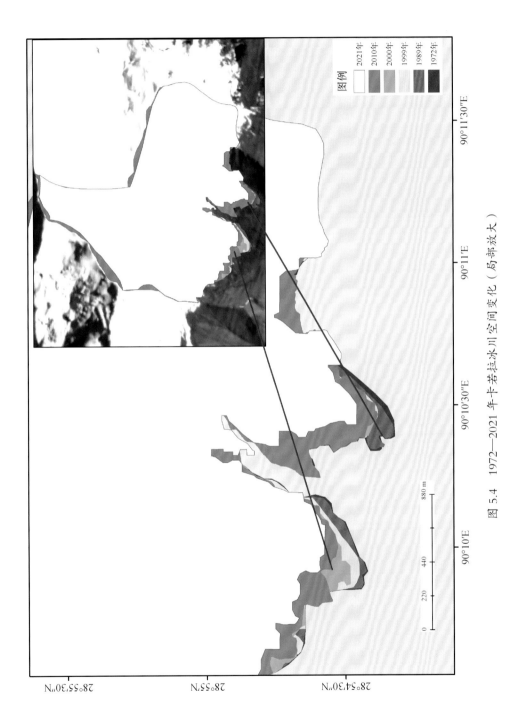

图 5.4 1972—2021 年卡若拉冰川空间变化（局部放大）

图 5.5 卡若拉冰川三维立体图

六、米堆冰川

米堆冰川位于西藏自治区林芝市波密县玉普乡境内，距县城 100 多千米，在念青唐古拉山与伯舒拉岭的接合部，是西藏最重要的海洋性冰川（图 6.2）。冰川主峰海拔 6800 m，雪线海拔只有 4600 m，是我国最大的季风海洋性冰川分布区。

利用 1986—2021 年 Landsat 和高分 1 号遥感影像资料对米堆冰川进行分析，结果显示（图 6.1），近 36 年来冰川面积呈减少态势。1986 年冰川面积为 30.56 km^2，2021 年面积为 28.47 km^2，36 年间冰川面积共减少了 2.09 km^2，变化率为 -6.84%。具体表现为，2009—2012 年冰川面积稍有增长，2013 年以后，冰川面积大幅减少。

从空间变化显示，冰川末端、边缘以及东侧边缘退缩最明显（图 6.3~6.5）。1981—2021 年期间的冰碛物变化显示，36 年面积共增长 2.41 km^2，2013 年之后增长显著，说明冰川消融加快。米堆冰川在末端、边缘以及东侧边缘地带逐年退缩，导致形成大量的冰碛物。

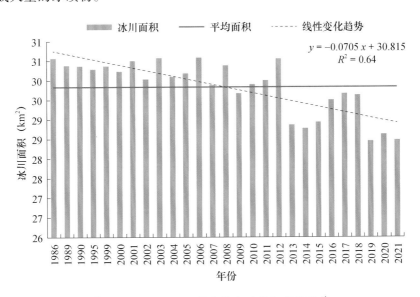

图 6.1 1986—2021 年米堆冰川面积变化趋势

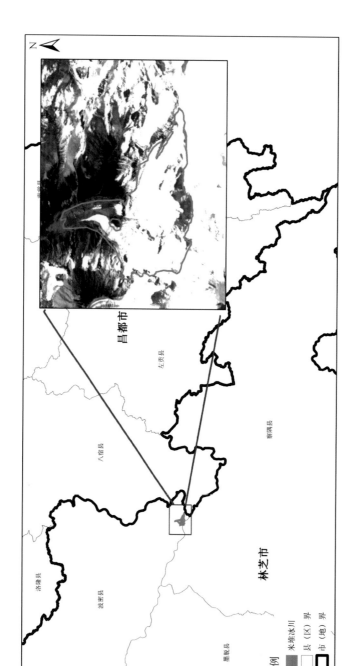

图 6.2　米堆冰川位置示意图

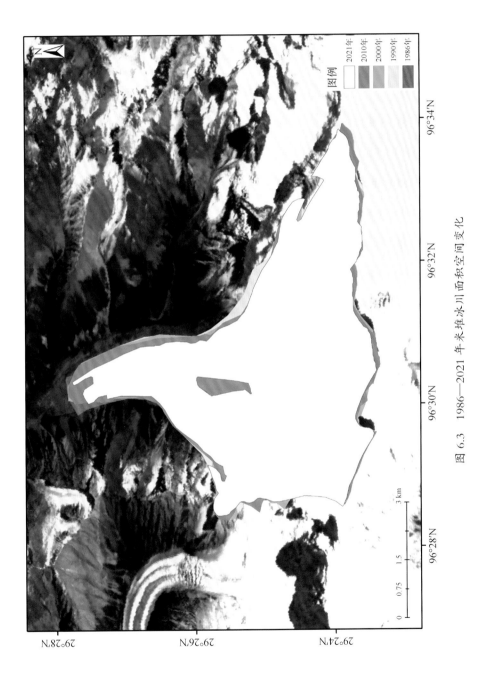

图 6.3　1986—2021 年米堆冰川面积空间变化

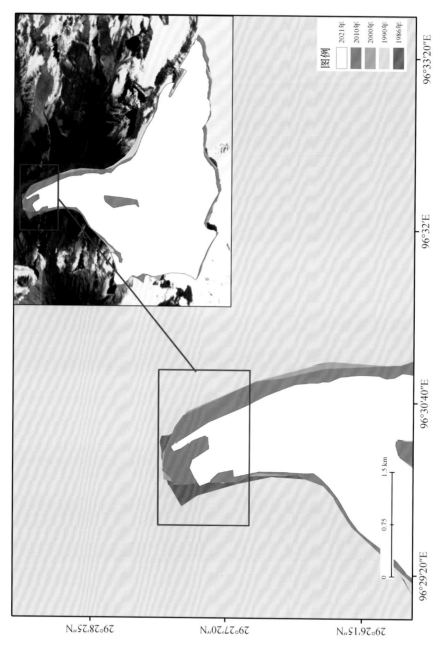

图 6.4　1986—2021 年米堆冰川面积空间变化（局部放大一）

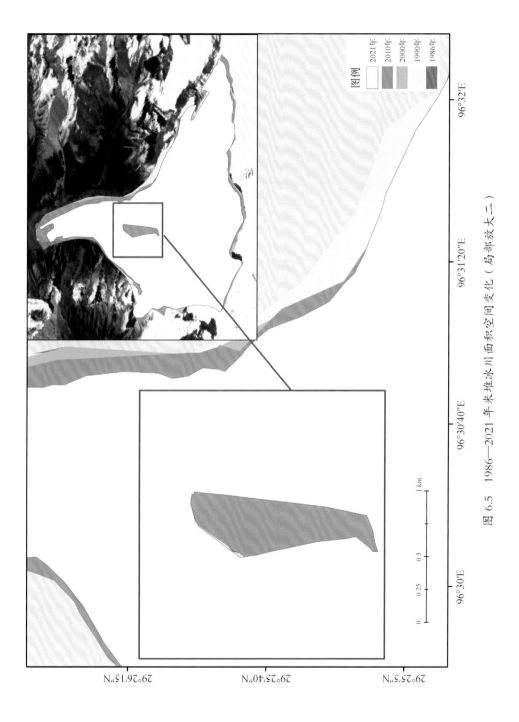

图 6.5 1986—2021 年米堆冰川面积空间变化（局部放大二）

图 6.6 米堆冰川三维立体图

七、萨普冰川

萨普冰川位于西藏自治区那曲市比如县羊秀乡普宗沟境内，素有"神山之王"之称。主峰是念青唐古拉山东段最高峰，谷大沟深、景色优美，冰川的千年冰雪融化形成了萨普圣湖，湖水清澈、洁净。冰川分布范围介于30°51′~30°59′N，93°42′~93°51′E（图7.2）。

根据1995—2021年Landsat系列和高分卫星数据分析，萨普冰川面积呈波动减少趋势。2019年冰川面积达到最低值，为28.89 km^2。2021年冰川面积为29.4 km^2，较1995年面积（31.73 km^2）减少了2.33 km^2（图7.1），面积变化率为–7.34%，年平均变化率为–0.19 km^2/a。

从空间变化分析来看，冰川主要变化区域位于北部冰湖处，其余部分变化相对较小（图7.3~7.5）。

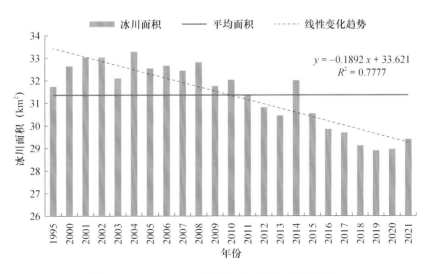

图 7.1　1995—2021 年萨普冰川面积变化趋势

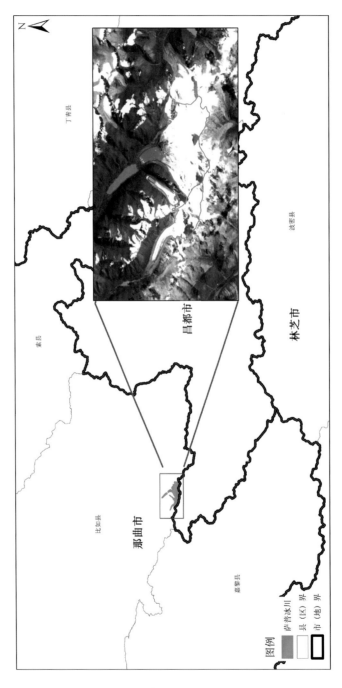

图 7.2　萨普冰川位置示意图

图 7.3 1995—2021 年萨普冰川面积空间变化

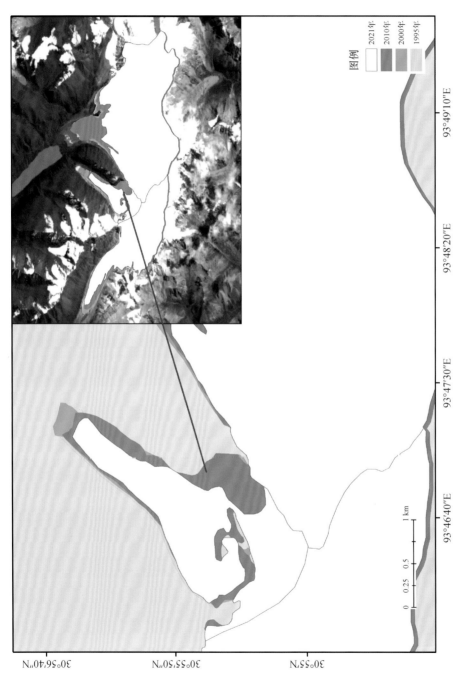

图 7.4 1995—2021 年萨普冰川面积空间变化（局部放大一）

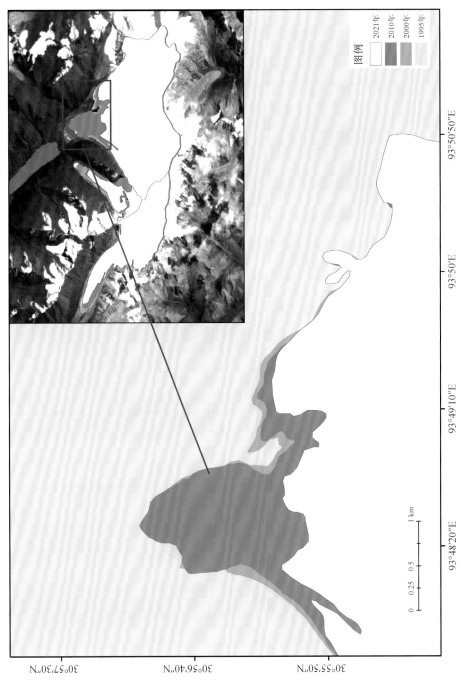

图 7.5　1995—2021 年萨普冰川面积空间变化（局部放大二）

西藏典型冰川遥感动态监测图集

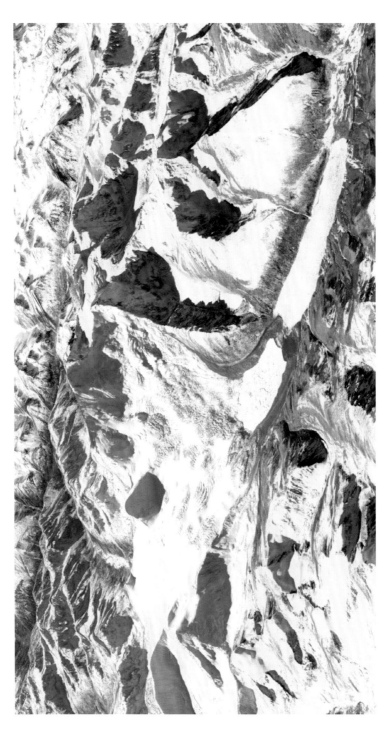

图 7.6 萨普冰川三维立体图

八、木孜塔格冰川

木孜塔格冰川位于西藏自治区那曲市双湖县与新疆维吾尔自治区交界处的木孜塔格峰，木孜塔格峰是东昆仑山脉上的最高峰，木孜塔格峰周边分布大小冰川93条，是现代冰川集中发育地域，为新疆最大的车尔臣河的发源地。冰川范围介于30°51′~30°59′N，93°42′~93°51′E（图 8.2）。

根据 2000—2021 年 Landsat 系列和高分卫星数据分析，木孜塔格峰冰川面积呈波动减少趋势。2016 年冰川面积达到最低值为 636.97 km²，2021 年冰川面积为 667.57 km²，较 2000 年面积（715.58 km²）减少了 48.01 km²（图 8.1），面积变化率为 –6.71%，年平均变化率为 –2.0958 km²/a。

从空间变化分析来看，主要变化区域位于冰川的东部边缘（图 8.3、图 8.4）。

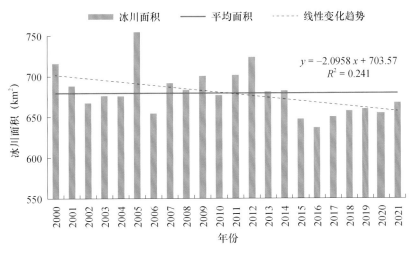

图 8.1 2000—2021 年木孜塔格冰川面积变化趋势

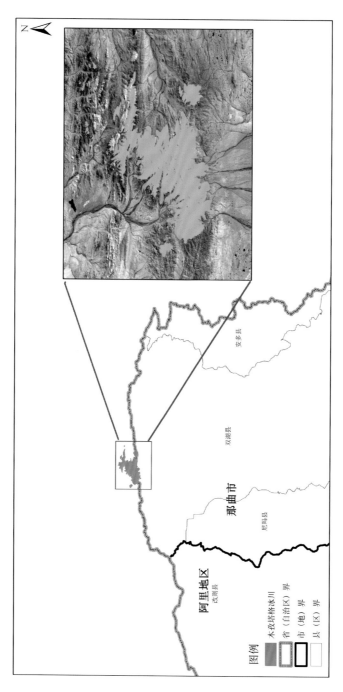

图 8.2　木孜塔格格冰川位置示意图

图 8.3　2000—2021 年木孜塔格冰川面积变化

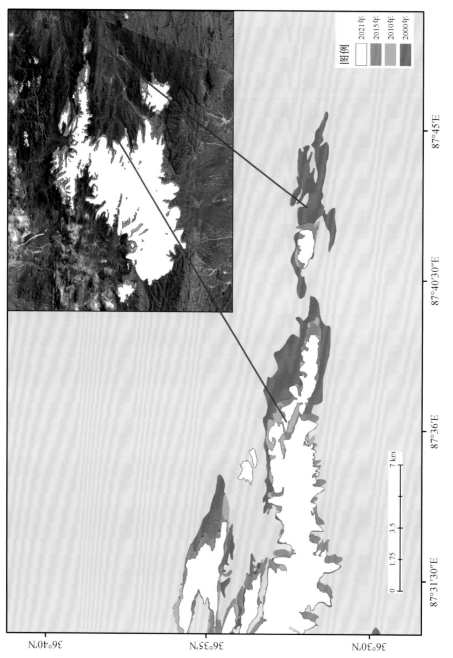

图 8.4 2000—2021 年木孜塔格冰川面积变化（局部放大）

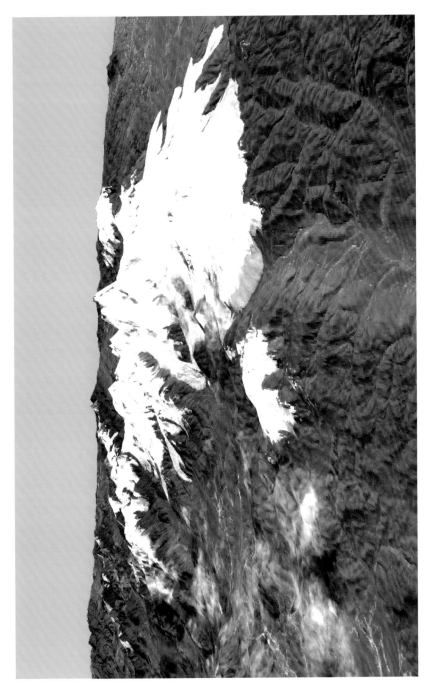

图 8.5　木孜塔格冰川三维立体图

九、杰马央宗冰川

杰马央宗冰川又称切玛雍仲，冰川范围介于 $30°11'\sim30°15'$N，$82°07'\sim82°14'$E，位于西藏自治区日喀则市仲巴县境内（图 9.2），是雅鲁藏布江的正源。冰川地势高寒，周围是险峻的高山，条条冰川横在山谷之间。刘晓尘等（2011）于 2010 年 10 月现场实测得到冰川长 8.2 km，面积 20.67 km²，垭口海拔 5750 m，末端海拔 5035 m。

多源卫星遥感监测显示，1987—2021 年杰马央宗冰川呈退缩趋势（图 9.1），平均面积为 19.26 km²，冰川面积从 1987 年的 21.23 km² 减少到 2021 年的 17.21 km²，35 年来共减少 4.02 km²，平均变化率为 –0.138 km²/a。冰川长度从 1987 年的 9021 m 减少到 2021 年的 8004 m，35 年来共退缩 1017 m。

从杰马央宗冰川 1987—2021 年空间变化特征分析来看（图 9.3、图 9.4），冰川末端退缩明显，冰湖扩张明显。

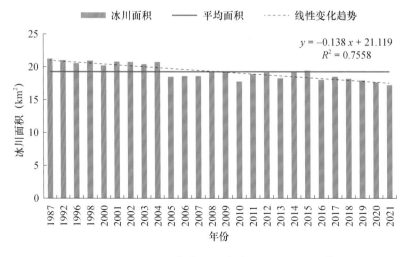

图 9.1 1987—2021 年杰马央宗冰川面积变化趋势

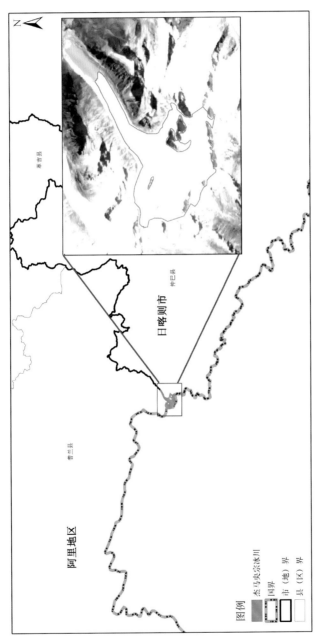

图 9.2 杰马央宗冰川位置示意图

图例

- 杰马央宗冰川
- 国界
- 市（地）界
- 县（区）界

阿里地区

普兰县

措勤县

日喀则市

仲巴县

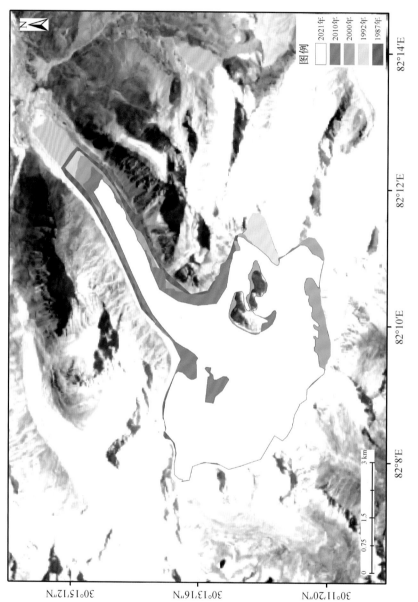

图 9.3 1987—2021 年杰马央宗冰川面积和空间变化

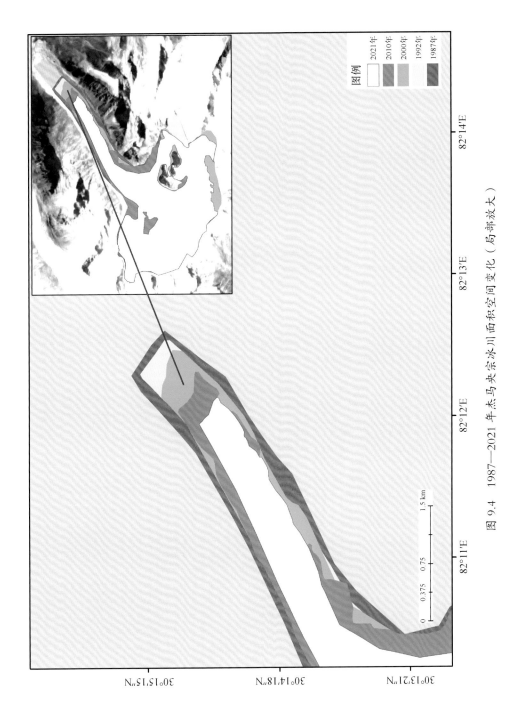

图 9.4　1987—2021 年杰马央宗冰川面积空间变化（局部放大）

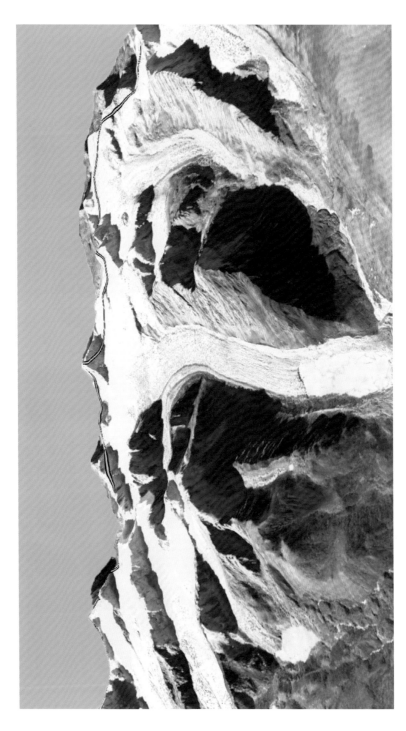

图 9.5　杰马央宗冰川三维立体图

杰马央宗冰湖

　　杰马央宗冰湖位于杰马央宗冰川的冰舌末端，直接与冰川相连，冰舌处的冰川面积退缩明显，冰湖扩张明显，冰湖作为冰川整体的一部分，冰湖面积扩大存在冰湖溃决的灾害隐患，研究冰湖水域面积显得极为重要。

　　1987—2021 年杰马央宗冰川末端冰湖呈增大趋势（图 9.6），冰湖平均面积为 1.14 km²，冰湖面积从 1987 年的 0.72 km² 增大至 2021 年的 1.30 km²，35 年来冰湖面积增大 0.58 km²，冰湖面积变化率为 80.56%，2005 年开始冰湖面积均大于多年平均值。

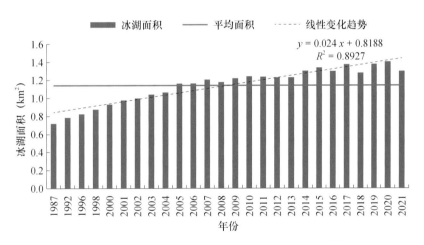

图 9.6　1987—2021 年杰马央宗冰湖面积变化趋势

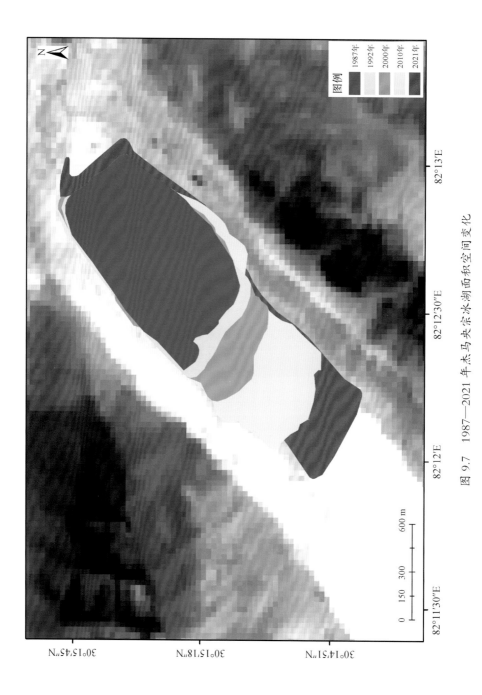

图 9.7　1987—2021 年杰马央宗冰湖面积空间变化

十、冲巴雍曲流域冰川

冲巴雍曲是年楚河的支流，属于恒河—雅鲁藏布江—年楚河流域的四级支流。位于西藏自治区日喀则市康马县，发源于西藏自治区喜马拉雅山脉中段北麓冰川（图10.2）。该流域有13条冰川，编号为5O251C0001~5O251C0013，冰川分布在我国西藏自治区康马县和不丹国边界，2020年冰川总面积为24.82 km^2，其中面积最大的冰川为5O251C0013，2020年面积为7.39 km^2。该流域有8个冰湖，2021年冰湖总面积为14.75 km^2，其中最大的冰湖为冲巴雍错，2021年冲巴雍错面积为12.32 km^2。

选取了1987年、1989年、1991年、1993年、1997年、2001年、2005年、2007年、2009年、2014年共10景Landsat TM/ETM+数据和2018年、2019年、2020年、2021年高分1号数据作为数据源，分析冲巴雍曲流域冰川和冰湖变化情况，结果表明，35年来，流域内冰川面积呈减少趋势（图10.1），冰川总面积从1987年的32.0 km^{2}减少到2021年的20.9 km^2，平均变化率为 –0.6051 km^2/a。流域内冰湖面积呈增加趋势。

从1987—2021年空间变化来看，冲巴雍曲流域冰川末端退缩明显，尤其以北部冰舌退缩较多（图10.3~10.5）。

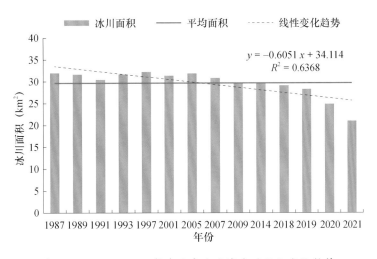

图 10.1　1987—2021 年冲巴雍曲流域冰川面积变化趋势

西藏典型冰川遥感动态监测图集

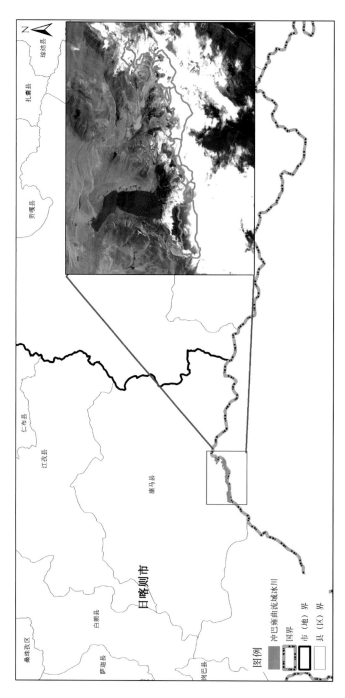

图 10.2 冲巴雍曲流域冰川位置示意图

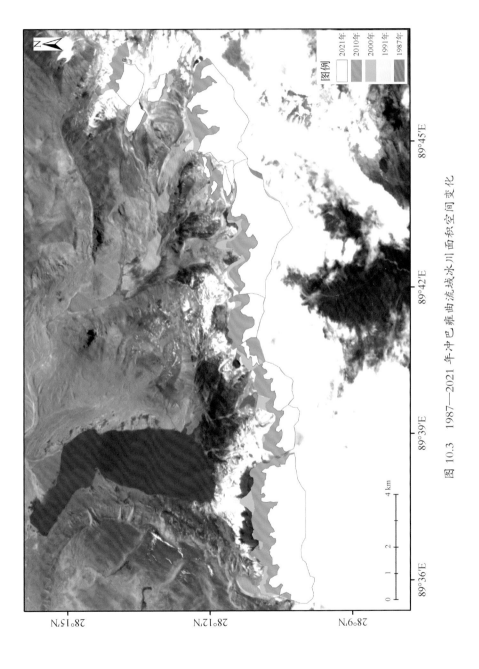

图 10.3　1987—2021 年冲巴雍曲流域冰川面积空间变化

西藏典型冰川遥感动态监测图集

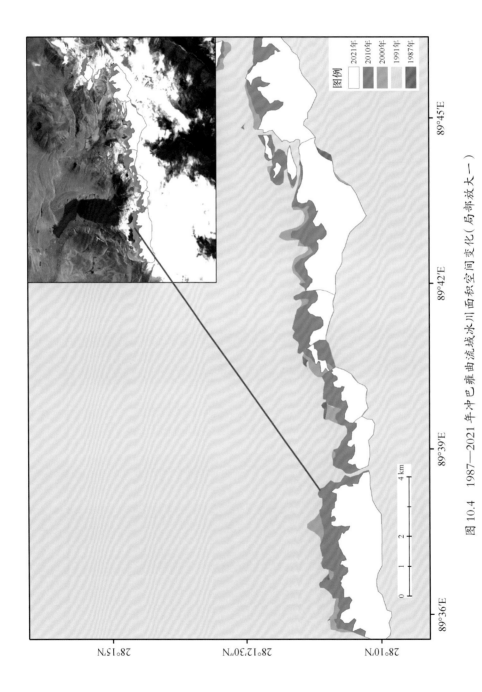

图 10.4　1987—2021 年冲巴雍曲流域冰川面积空间变化（局部放大一）

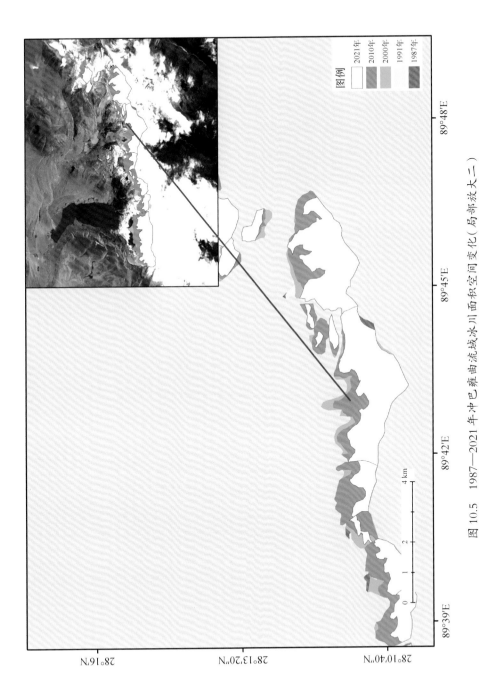

图 10.5　1987—2021 年冲巴雍曲流域冰川面积空间变化（局部放大二）

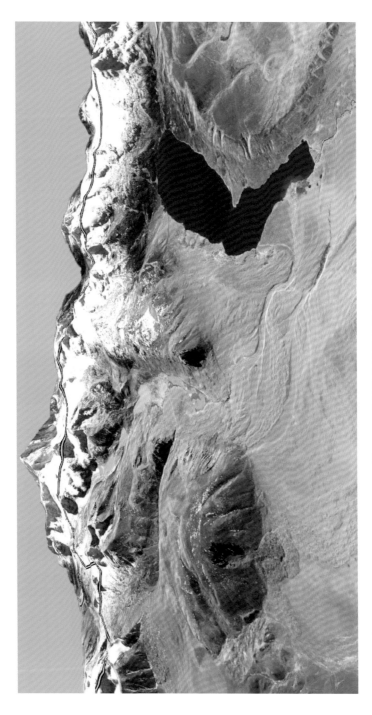

图 10.6 冲巴雍错冰流域冰川三维立体图

十一、藏色岗日冰川

藏色岗日冰川位于西藏自治区阿里地区改则县古姆乡境内（图 11.2），纬度 34°16′13″，经度 85°56′52″；主峰海拔 6460 m，雪线高度 5700~5940 m。位于羌塘高原中北部，属于羌塘国家级自然保护区，该地区是目前世界上高寒生态系统尚未遭受破坏的最完好地区。

利用 Landsat MSS/ETM/TM、Landsat 8 和高分 1 号遥感影像提取了藏色岗日冰川 1977、1984、1993、1996、2000—2021 年冰川面积，分析结果显示，近 44 年藏色岗日冰川面积整体呈下降趋势（图 11.1），1977 年和 2021 年藏色岗日冰川面积为 215.26 km² 和 196.39 km²，2021 年较 1977 年减少 14.5 km²，面积变化率为 −6.74%，年平均减少 0.33 km²。

从藏色岗日冰川 1977—2021 年空间变化来看（图 11.3、图 11.4），藏色岗日冰川末端退缩明显，尤其以北部和南部冰舌退缩较多。

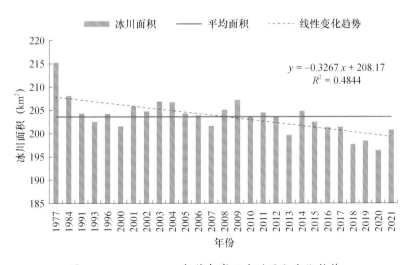

图 11.1　1977—2021 年藏色岗日冰川面积变化趋势

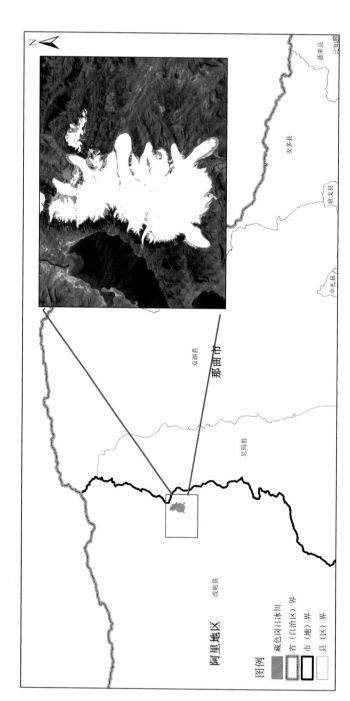

图 11.2 藏色岗日冰川位置示意图

图 11.3　1977—2021 年藏色岗日冰川面积空间变化

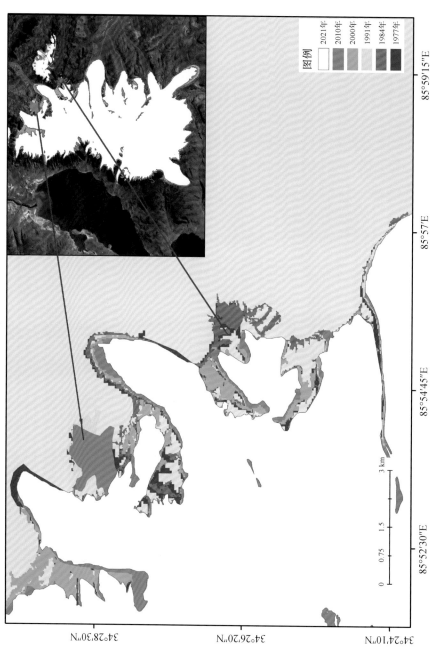

图 11.4　1977—2021 年藏色岗日冰川面积变化趋势（局部放大）

图 11.5　藏色岗日冰川三维立体图

十二、廓琼岗日冰川

廓琼岗日冰川位于西藏自治区拉萨市当雄县羊八井镇往西格达乡境内（图12.2），属于念青唐古拉山西段，海拔约5500 m，距拉萨市区约160 km，是目前距离拉萨市最近的冰川旅游景区，随着旅游业的发展，廓琼岗日冰川也成为了很多游客的旅游目的地。

利用 Landsat MSS/ETM/TM、Landsat 8 和高分1号遥感影像提取了廓琼岗日冰川1976、1987、1994、2006、2009、2020、2021年冰川面积，分析结果显示，1976—2021年廓琼岗日冰川平均面积为 3.35 km², 冰川面积呈下降趋势（图12.1），2021年冰川面积为 2.59 km²，较1976年面积（4.5 km²）减少了 1.91 km²，面积变化率为−42.44%。

冰川的空间变化显示，近46年廓琼岗日冰川四周均呈明显的退缩状态（图12.3）。

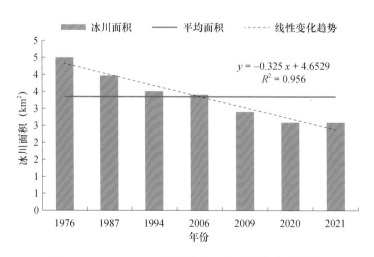

图 12.1　1976—2021 年廓琼岗日冰川面积变化趋势

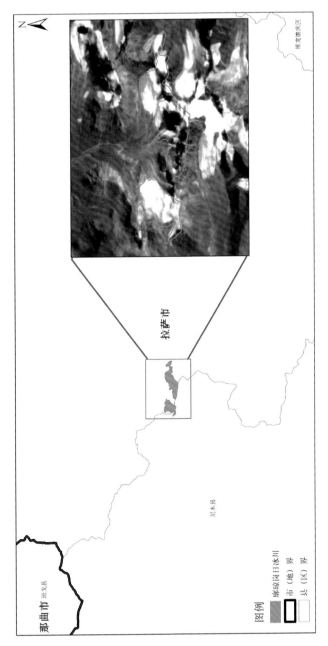

图 12.2 1976—2021 年廓琼岗日冰川位置示意图

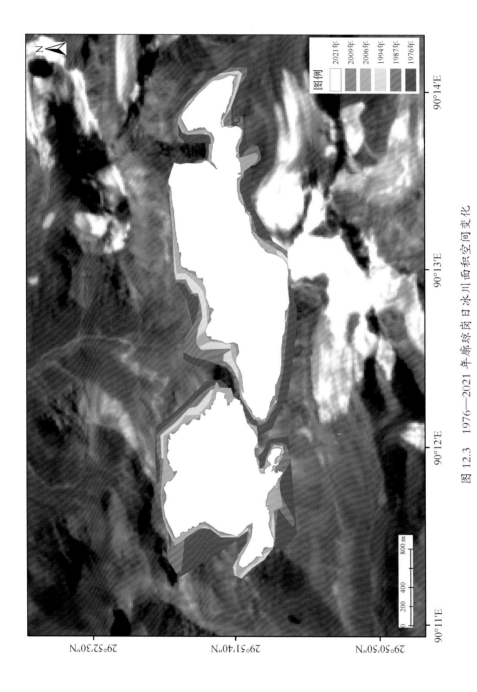

图 12.3　1976—2021 年郭琼岗日冰川面积空间变化

图 12.4　廓琼岗日冰川三维立体图

十三、依嘎冰川

依嘎冰川位于西藏自治区那曲市嘉黎县尼屋乡念青唐古拉山脉西段，地处易贡藏布一级支流尼都藏布上游北侧（图13.2），属大陆型冰川，能够见到只有纯净的冰川腹地才能见到的蓝冰。

利用 Landsat MSS/ETM/TM/OLI、Landsat 8 和高分 1 号遥感影像提取了依嘎冰川1970、1988、1999、2002、2009、2020、2021 年冰川面积，分析结果显示，近 52 年依嘎冰川呈减少趋势（图13.1），2021 年冰川面积为 41.11 km^2，较 1970 年面积（45.29 km^2）减少了 4.18 km^2，平均变化率为 –0.53 km^2/a。

冰川空间变化显示（图13.3~13.5），冰舌的东、南两翼退缩明显，此外，冰川末端与冰湖连接处有明显退缩。

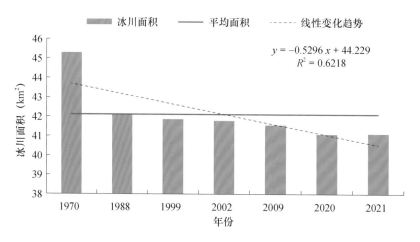

图 13.1　1970—2021 年依嘎冰川面积变化趋势

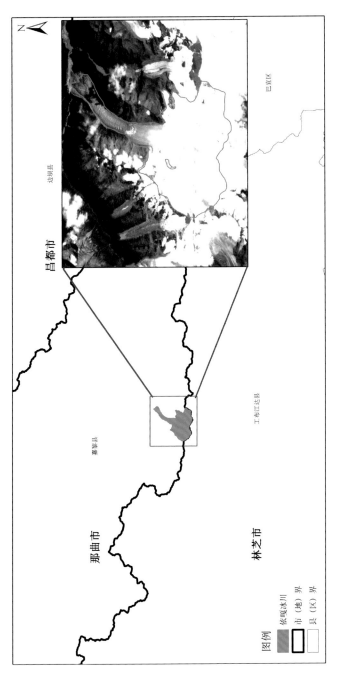

图 13.2 依嘎冰川位置示意图

西藏典型冰川遥感动态监测图集

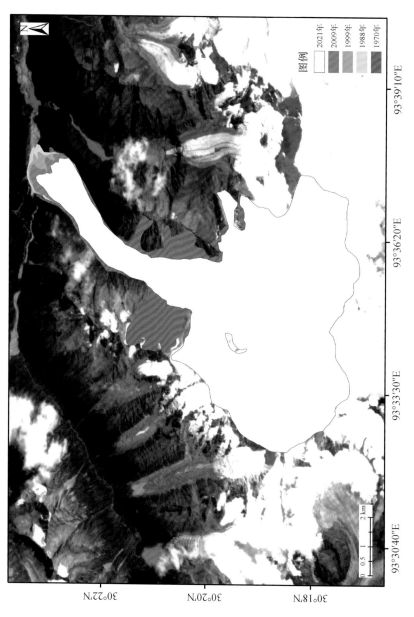

图 13.3　1970—2021 年依嘎冰川面积空间变化

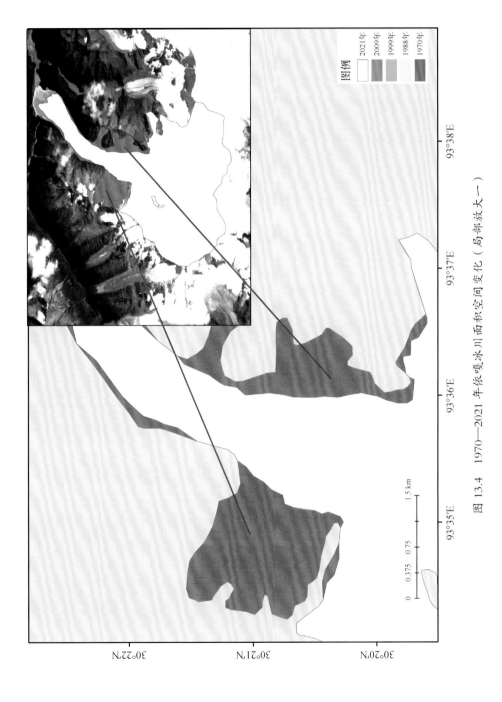

图 13.4 1970—2021 年依嘎冰川面积空间变化（局部放大一）

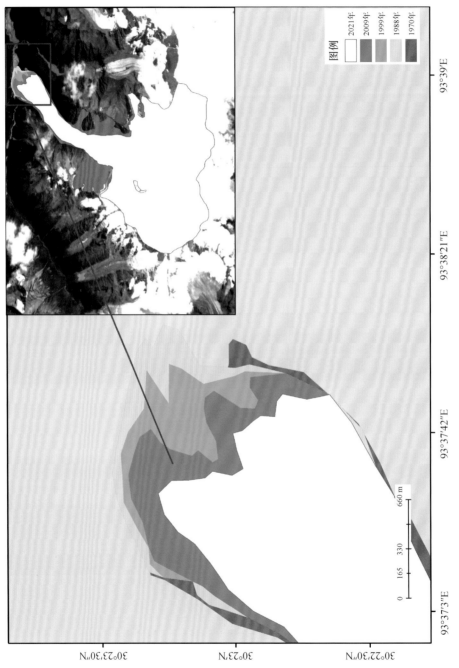

图 13.5 1970—2021 年依嘎冰川面积空间变化（局部放大二）

图 13.6　依嘎冰川三维立体图

十四、曾冰川

曾冰川位于西藏自治区山南市浪卡子县普玛江塘乡，喜马拉雅山脉中国—不丹交界的中国境内（图 14.2），冰川最高海拔高程为 7004.4 m。

利用 Landsat MSS/ETM/TM/OLI、Landsat 8 和高分 1 号遥感影像提取了曾冰川 1976、1989、1999、2010、2020、2021 年冰川面积，分析结果显示，近 46 年曾冰川平均面积为 85.53 km²，冰川面积呈减少趋势（图 14.1），2021 年冰川面积为 84.37 km²，较 1976 年面积（87.12 km²）减少了 2.75 km²，平均变化率为 –0.59 km²/a。

从曾冰川 1976 年到 2021 年空间变化来看（图 14.3、图 14.4），两条冰舌的交界处退缩较为明显，其余地方变化不大。

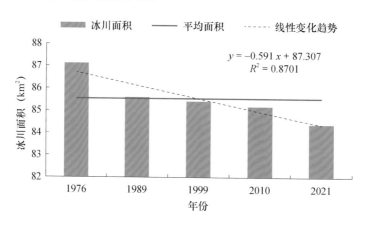

图 14.1　1976—2021 年曾冰川面积变化趋势

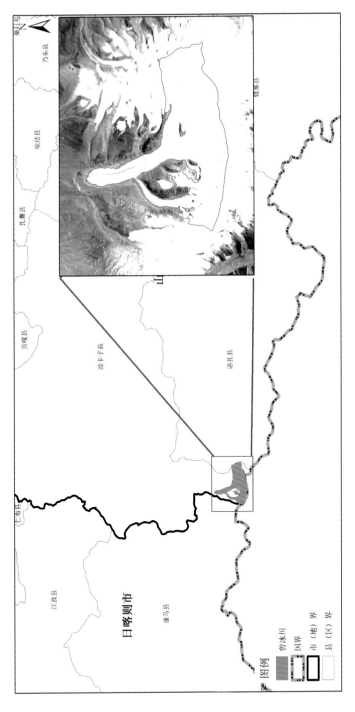

图 14.2　曾冰川位置示意图

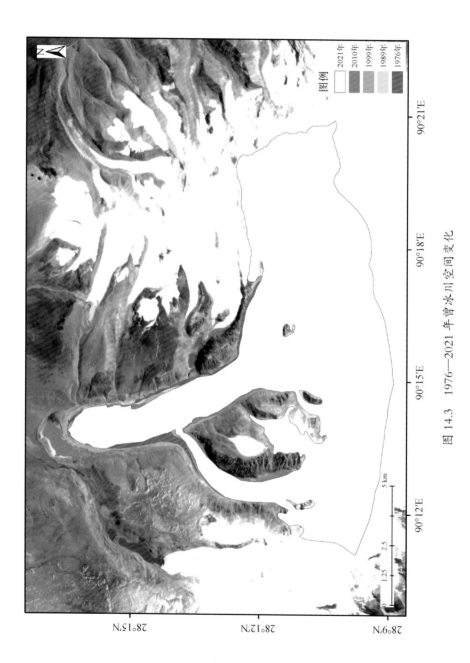

图 14.3　1976—2021 年眷冰川空间变化

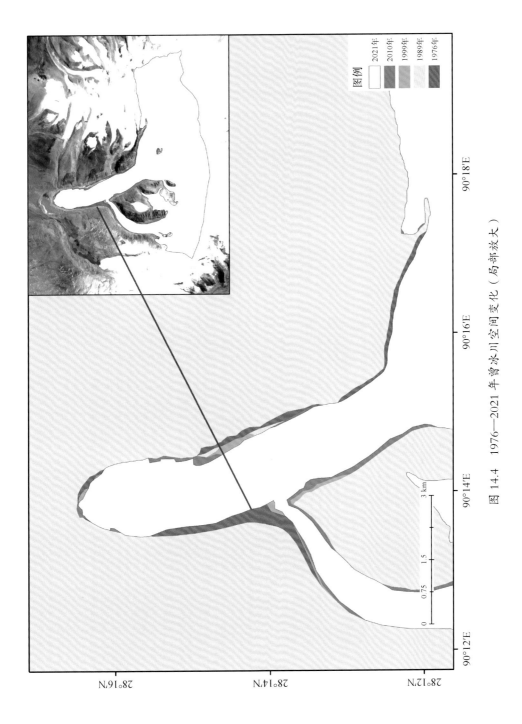

图 14.4　1976—2021 年曾冰川空间变化（局部放大）

图 14.5　鲁冰川三维立体图

十五、什磨冰川

　　什磨冰川位于西藏自治区日喀则市康马县涅如堆乡（图 15.2），喜马拉雅山脉中国—不丹交界的中国境内（90.03°E，28.17°N），冰川最高海拔高程为 6898 m，平均坡度为 16.1°。

　　根据 1976 年、1989 年、1999 年、2010 年 Landsat/TM 和 2021 年高分 1 号卫星资料监测分析显示，近 46 年什磨冰川平均面积为 32.14 km²，冰川面积呈减少趋势（图 15.1），2021 年冰川面积为 30.88 km²，较 1976 年面积（33.05 km²）减少了 2.17 km²，平均变化率为 –0.53 km²/a。

　　从空间变化来看，冰川退缩最明显的地方是冰舌与冰湖相接处（图 15.3、图 15.4）。

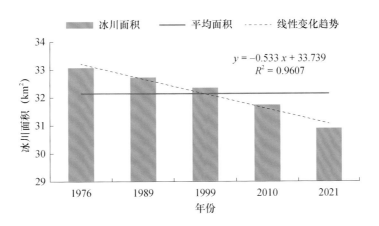

图 15.1　1976—2021 年什磨冰川面积变化趋势

西藏典型冰川遥感动态监测图集

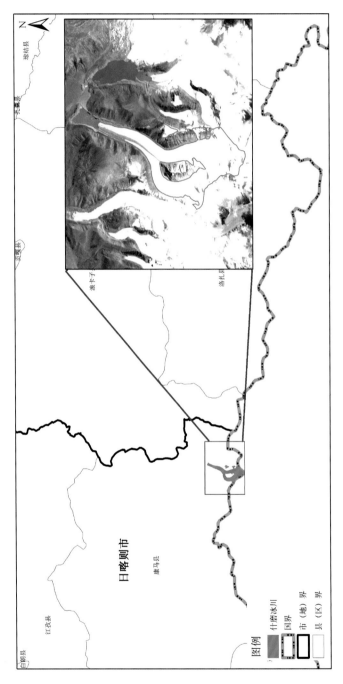

图 15.2　什磨冰川位置示意图

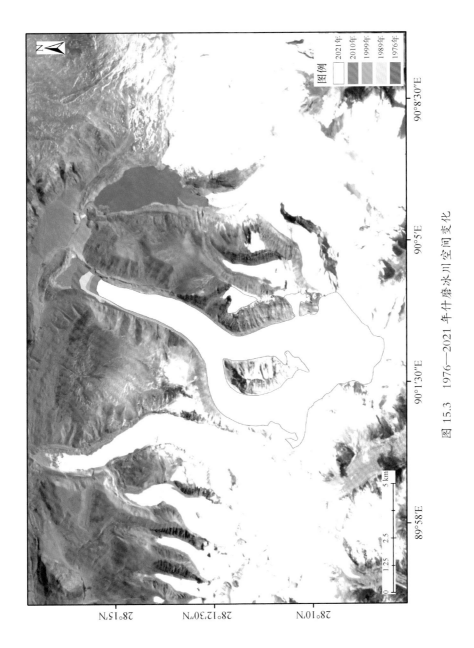

图 15.3 1976—2021 年什磨冰川空间变化

西藏典型冰川遥感动态监测图集

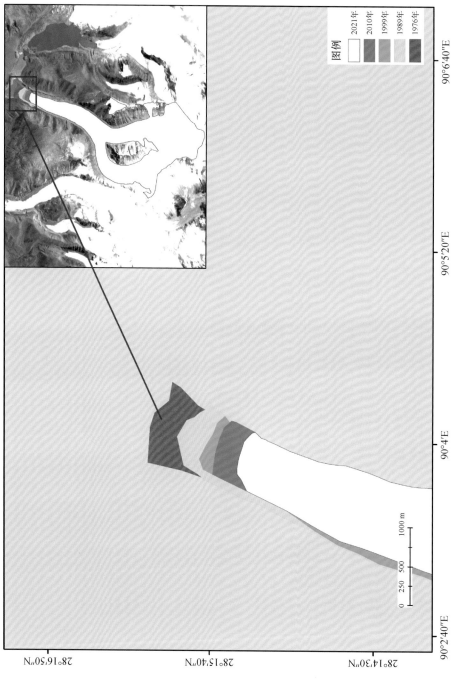

图 15.4　1976—2021 年什磨冰川空间变化（局部放大）

图 15.5　什磨冰川三维立体图

十六、什俄冰川

　　什俄冰川位于西藏自治区日喀则市康马县与山南市浪卡子县交界处（图 16.2），（90.09°E，28.16°N），冰川最高海拔高程为 6834.6 m，平均坡度为 18.3°。

　　根据 1976 年、1989 年、1999 年、2010 年 Landsat/TM 和 2021 年高分 1 号卫星资料监测分析显示，近 46 年什俄冰川平均面积为 37.56 km²，冰川面积呈减少趋势（图 16.1），2021 年冰川面积为 35.46 km²，较 1976 年面积（38.69 km²）减少了 3.23 km²，面积变化率为 −8.35%。

　　从空间变化来看，冰川退缩最明显的地方是冰川的北面与陆地接壤处（图 16.3~16.5）。

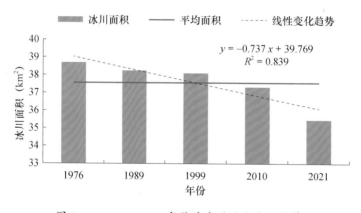

图 16.1　1976—2021 年什俄冰川面积变化趋势

$y = -0.737 x + 39.769$
$R^2 = 0.839$

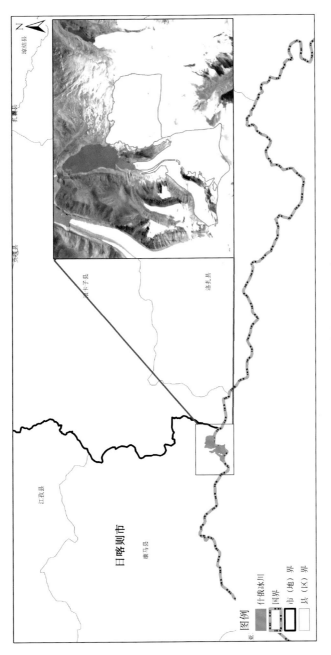

图 16.2 什俄冰川位置示意图

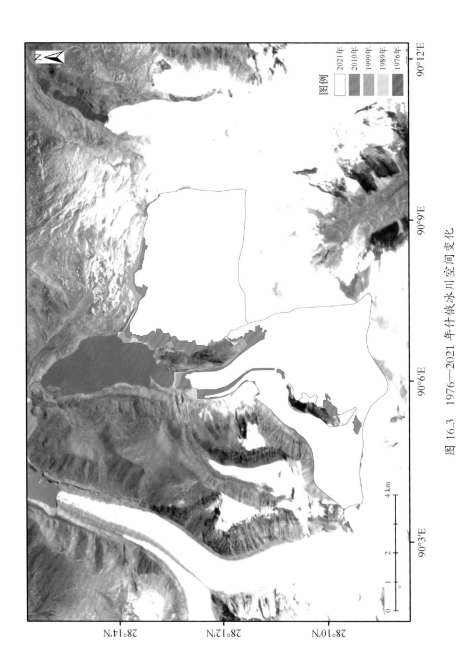

图 16.3　1976—2021 年仲俄冰川空间变化

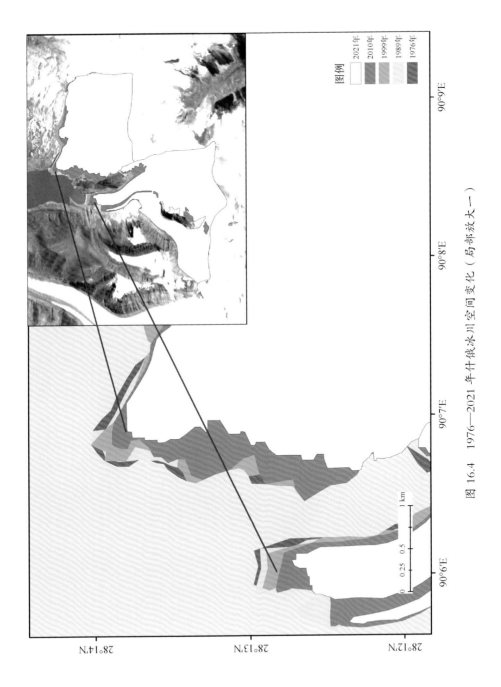

图 16.4　1976—2021 年什俄冰川空间变化（局部放大一）

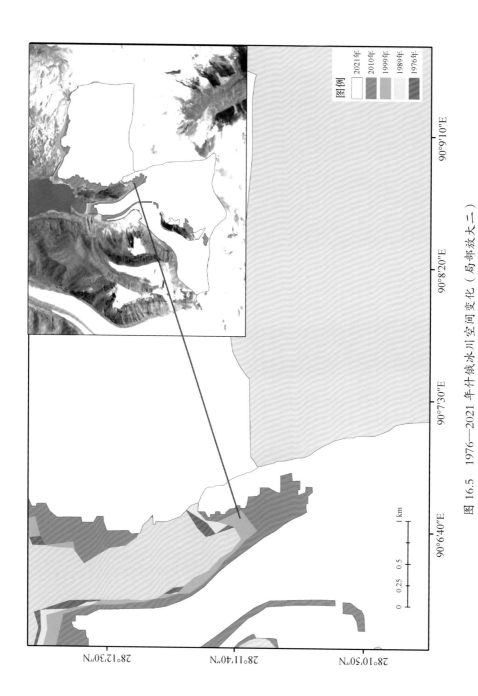

图 16.5 1976—2021 年什俄冰川空间变化（局部放大二）

图 16.6 什俄冰川三维立体图

十七、雅弄冰川

雅弄冰川是来古冰川六条中的一条,位于西藏自治区昌都市然乌镇,雅弄冰川从岗日嘎布山海拔 6606 m 的主峰铺展开来,一直延伸至海拔 4000 m 的岗日嘎布湖(图 17.2)。随着全球气候变暖,冰湖中经常看到大小不等的冰块漂浮。

1976—2021 年雅弄冰川平均面积为 179.94 km², 冰川面积从 1976 年的 183.33 km² 减少到 2021 年的 178.38 km², 近 46 年冰川面积减少 4.95 km², 面积减少率为 –2.7% (图 17.1); 2000—2021 年雅弄冰川平均面积为 178.94 km², 2000 年冰川面积为 179.67 km², 2000—2021 年冰川面积减少 1.29 km², 面积减少率为 –0.72%。

冰川空间变化显示(图 17.3~17.5),雅弄冰川以末端退缩为主,冰川从 2005 年开始冰川末端区消融明显。

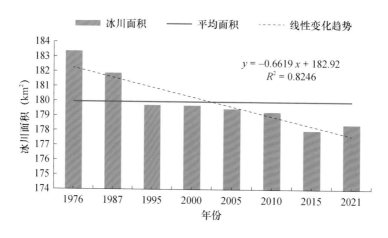

图 17.1 1976—2021 年雅弄冰川面积变化趋势

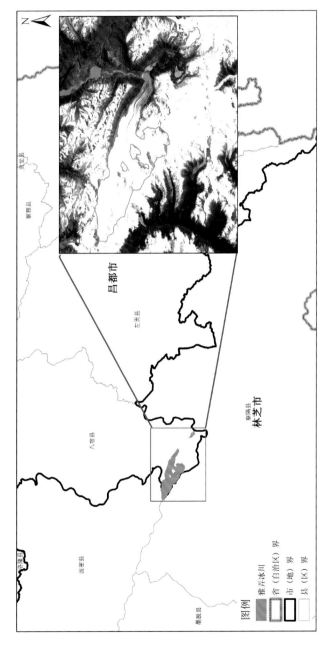

图 17.2　雅弄冰川位置示意图

图 17.3　1976—2021 年雅弄冰川空间变化

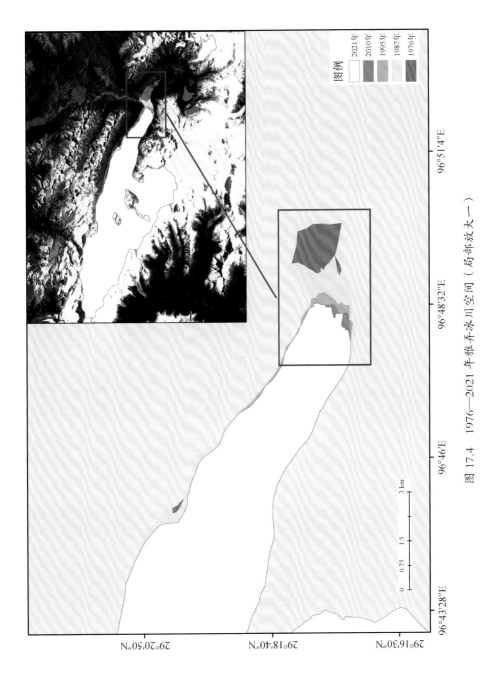

图 17.4 1976—2021 年雅弄冰川空间（局部放大一）

西藏典型冰川遥感动态监测图集

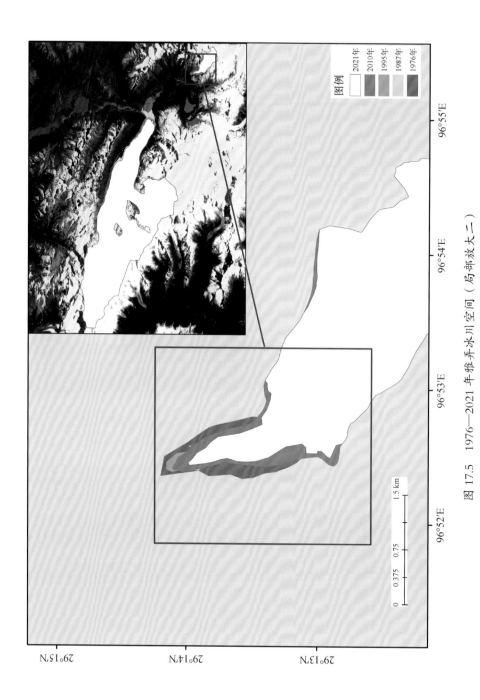

图 17.5 1976—2021 年雅弄冰川空间（局部放大一）

图 17.6　雅弄冰川三维立体图

参考资料

陈万宝，刘时银，李维德，等，2017.基于冰川动力学的古里雅冰帽稳定态建模分析 [J]. 科学通报，62（33）：3910–3921.

蒋宗立，张俊丽，张震，等，2019.1972—2011 年东昆仑山木孜塔格峰冰川面积变化与物质平衡遥感监测 [J]. 国土资源遥感，31（4）：128–136.

井哲帆，周在明，刘力，2010.中国冰川运动速度与进展 [J]. 冰川冻土，3（4）：749–754.

拉巴，格桑卓玛，拉巴卓玛，等，2016.1992—2014 年普若岗日冰川和流域湖泊面积变化及原因分析 [J]. 干旱区地理，39（4）：770–776.

拉巴卓玛，邱玉宝，除多，等，2015.1972—2010 年西藏卡若拉冰川面积变化遥感研究 [J]. 遥感技术与应用，30（4）：784–792.

李林，扎西央宗，卓玛，等，2018.西藏年楚河流域冰川及冰川湖变化特征及其对气候变化的响应 [J]. 高原山地气象研究，38（2）：28–34.

刘晓尘，效存德，2011. 1974—2010 年雅鲁藏布江源头杰玛央宗冰川及冰湖变化初步研究 [J]. 冰川冻土，33（3）：488–496.

秦大河，1999.青藏高原的冰川与生态环境 [M]. 北京：中国藏学出版社.

姚檀栋，上田丰，大田折夫，等，1991.1989 年中日青藏高原冰川联合考察研究 [J]. 冰川冻土，13（1）：1–8.

仲振维，叶庆华，2009. 纳木纳尼峰地区冰川信息的综合提取方法 [J]. 冰川冻土，31（4）：717–724.

Hartmann D, Tank A, Rusticucci M, 2013. Working Group I Contribution to the IPCC Fifth Assessment Report, Climate Change 2013: The Physical Science Basis[R]. Stockholm: IPCC.